BEAUTY ILLUSTRATION

Make-up Illustration

Pattern Book

RM (주)영림미디어

저자소개

신채원

중앙대학교 의약식품대학원 향장미용학 석사
세종대학교 패션디자인 대학원 패션메이크업전공 박사
경희대학교 사회교육원 뷰티비지니스학과 주임교수
사)세계뷰티문화산업교류협회 수석교육부회장
사)한국미용문화사연구협회 교육이사
K뷰티의료신문 편집위원장

뷰티 일러스트레이션 패턴북

첫째판 1쇄 인쇄 2015. 7. 1
첫째판 1쇄 발행 2015. 7. 7

지 은 이 신채원
발 행 인 이혜미, 손상훈
편집디자인 최서예

발행처 (주)영림미디어
주 소 (121-894) 서울 마포구 서교동 375-32 무해빌딩 2F
전 화 (02)6395-0045 / 팩스 (02)6395-0046
등 록 제2012-000356호(2012.11.1)

이 도서의 국립중앙도서관 출판예정도서목록(CIP)은 서지정보유통지원시스템 홈페이
지(http://seoji.nl.go.kr)와 국가자료공동목록시스템(http://www.nl.go.kr/kolisnet)에서
이용하실 수 있습니다.(CIP제어번호: CIP2015014950)

*파본은 교환하여 드립니다.
*검인은 저자와의 합의하에 생략합니다.
*본서에 제공된 본문그림 및 작품이미지는 저자가 직접 제공한 것입니다.

ISBN 979-11-85834-22-1(93590)
정가 28,000원

B/E/A/U/T/Y ILLUSTRATION
Pattern Book

뷰티 일러스트레이션 패턴북

저자/ 신채원

YRM (주)영림미디어

뷰티 일러스트레이션(Beauty Illustration)은 메이크업, 네일아트, 에스테틱, 헤어 분야의 디자인을 그림으로 미리 스케치하여 구체적인 형태와 색채를 부여하고 시각적으로 전달하고자 하는 의미나 내용의 주제를 보다 정확하게 또는 이해하기 쉽게 표현하는 것을 말합니다.

뷰티 작업에 있어 얼굴과 인체의 선과 면에 대한 이해와 전체 드로잉에 대한 테크닉을 겸비하여 디자인에 맞는 디테일한 표현을 할 수 있도록 하며, 선 표현의 여러 가지 방법을 알고 선의 강약 표현을 연습하여 자유로운 선 표현을 할 수 있도록 편성하였습니다.

뷰티 메이크업과 바디페인팅의 테크니컬한 디자인을 다양한 재료와 주제 이미지에 맞는 작품으로 나타낼 수 있도록 하기 위해서 본 교재는 기존의 일러스트레이션에 관련된 교재와는 다른 편성으로 진행하였습니다.
기본적인 설명위주가 아닌 어느 교재에나 기본적으로 실려있는 군더더기를 말끔히 없애고, 실전에서 필요로 하는 즉, 표현하고자하는 디자인을 일러스트로 정확히 나타낼 수 있는 기초기법으로, 얼굴형태와 기초적인 선, 면, 얼굴의 각 부분(눈썹, 눈, 코, 입술), 헤어, 인체드로잉을 통해 메이크업과 헤어를 기본으로 다양한 선(직선, 곡선)기법 등의 능력을 갖춰 뷰티 일러스트레이션을 표현할 수 있는 다양한 기법과 테크닉을 익힐 수 있도록 도움이 될 것입니다.
더 나아가 기술을 요하는 기법(속눈썹 기본, 응용 표현과 오브제 속눈썹 등)까지 순서에 맞게 다루었고, 얼굴에서 헤어로 연결된 하나의 작품 수준까지 완성할 수 있도록 하였습니다.
그리고 여러 형태의 얼굴형과 기본바디, 포즈바디 등 각각 다른 디자인을 응용하여 창작성과 예술성을 나타내고 기존의 작품을 일러스트레이션으로 재탄생시키는 테크닉을 뽑낼 수 있는 교재입니다.
이번 교재로 생각으로만 막연하게 떠올렸던 무한한 상상력과 예술적 감각을 이제 하나의 작품으로 완성하실 수 있도록 도움이 되기를 바래봅니다.
마지막으로 이번 교재를 집필 할 수 있도록 믿고 맡겨주신 이상규 회장님께 감사의 말씀을 전합니다.

저자 신채원

B/E/A/U/T/Y
Pattern Book
ILLUSTRATION

01. 나선형_안말음형/바깥말음형

02. 곡선_응용표현/A타입

02. 곡선_응용표현/B타입

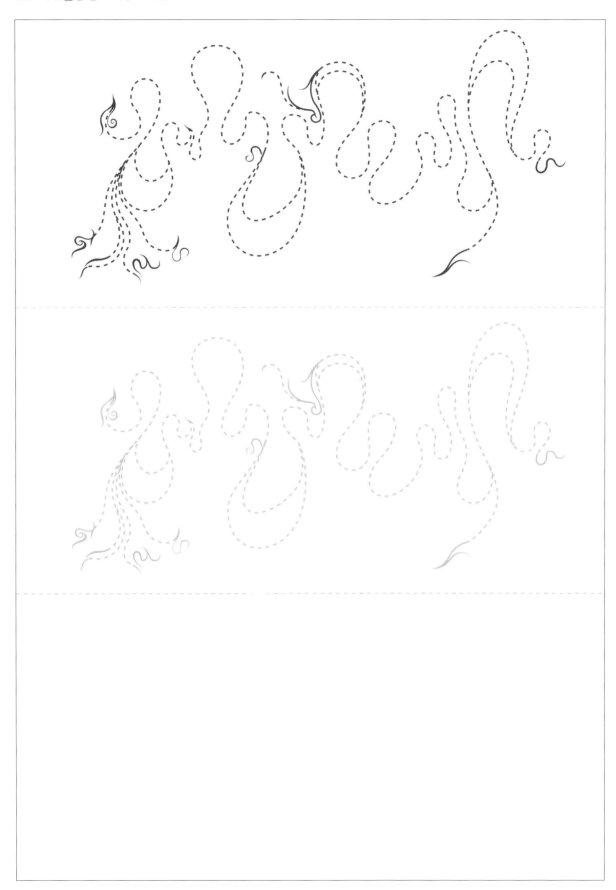

B/E/A/U/T/Y
Pattern Book
ILLUSTRATION

03. 선 연습_직선/곡선

B/E/A/U/T/Y
Pattern Book
ILLUSTRATION

03. 선 연습_꼬임머리/헤어피스

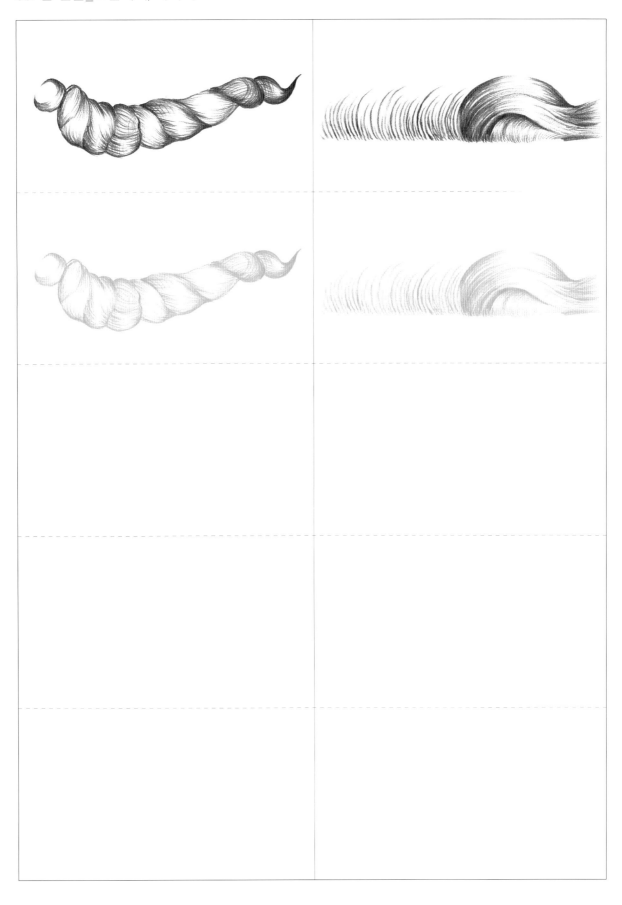

03. 선 연습_응용1/응용2

04. EYE BROW_눈썹형태/표준형

04. EYE BROW_눈썹형태/각진형

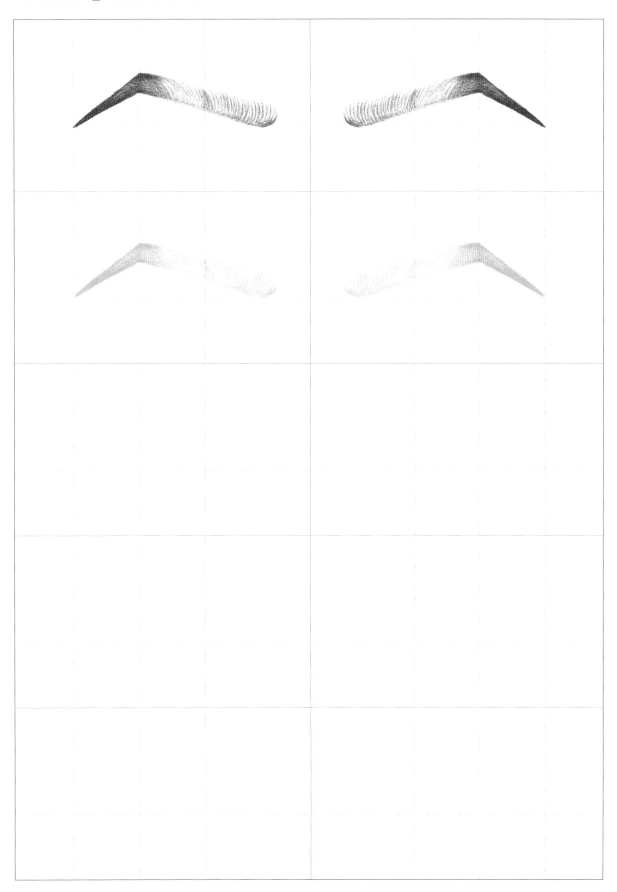

04. EYE BROW_눈썹형태/아치형

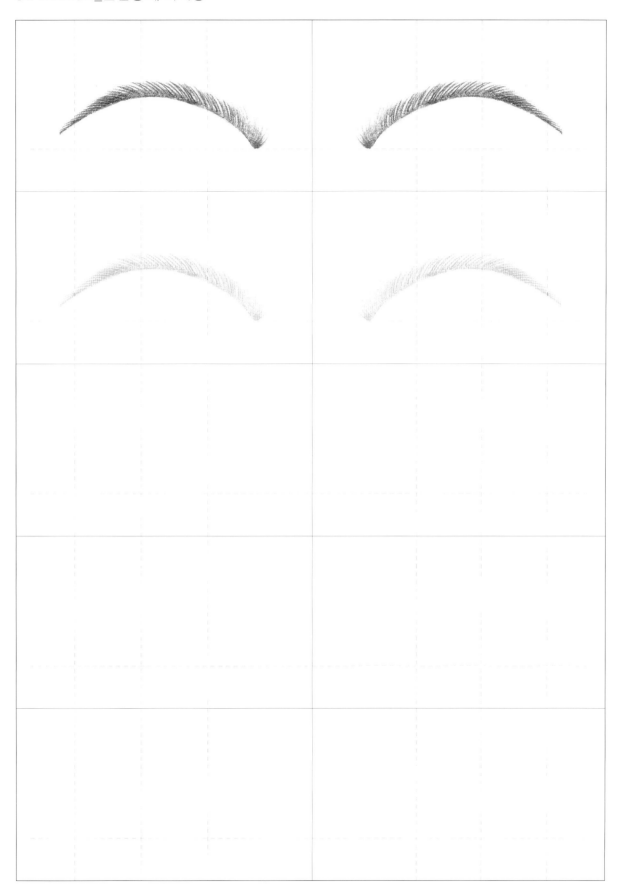

04. EYE BROW_눈썹형태/상승형

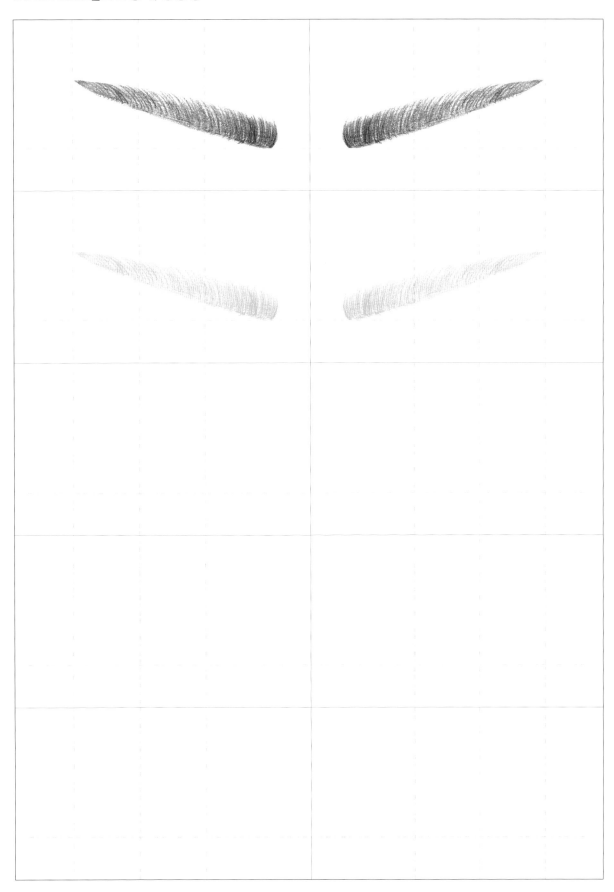

04. EYE BROW_눈썹형태/일자형

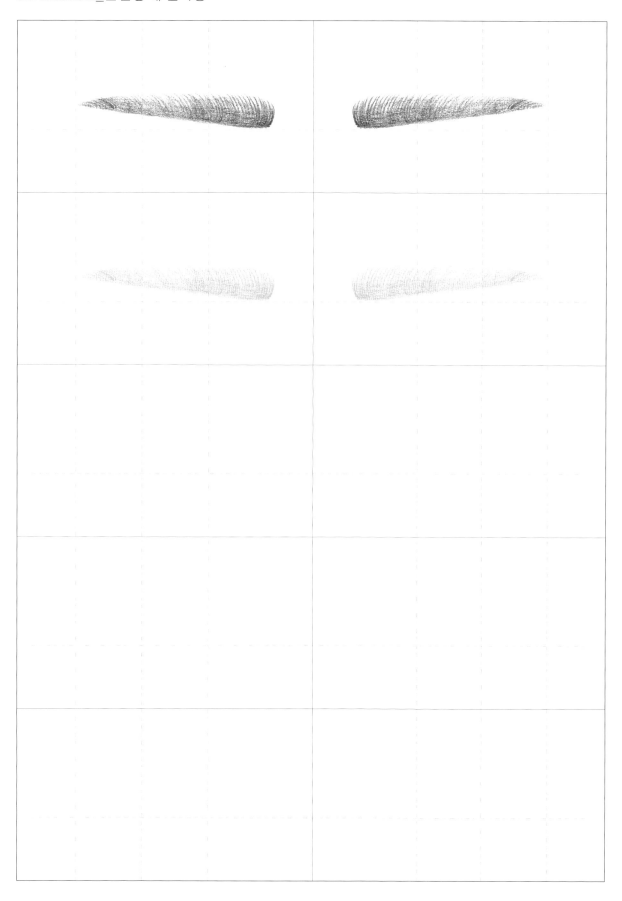

05. EYE SHADOW_닫힌눈/A타입1

B/E/A/U/T/Y
Pattern Book
ILLUSTRATION

05. EYE SHADOW_닫힌눈/A타입2

05. EYE SHADOW_닫힌눈/B타입1

05. EYE SHADOW_닫힌눈/B타입2

06. **EYELASHE DRAWING**_속눈썹 연습하기

07. NOSE DRAWING_코 연습하기

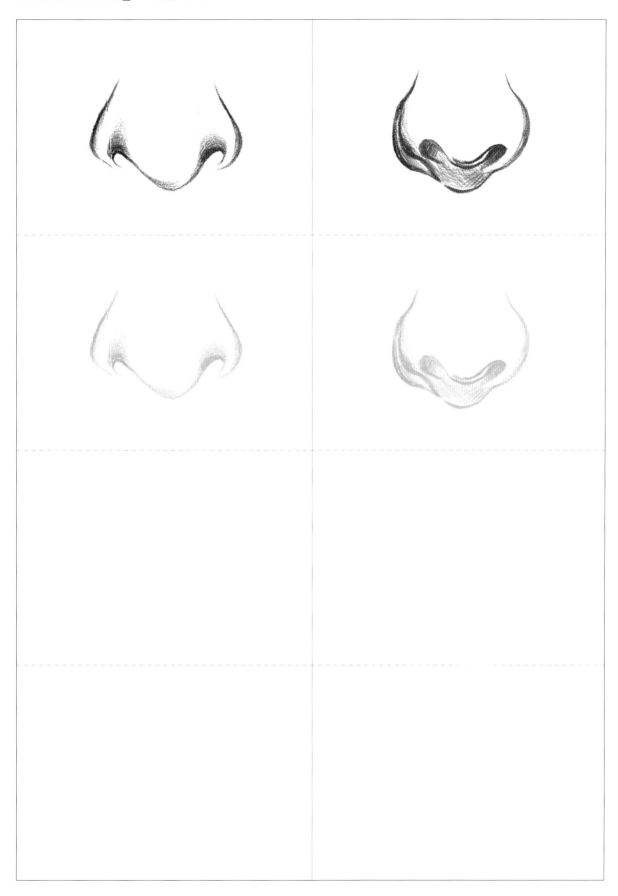

08. LIP DRAWING_입술 연습하기

09. **EYE SHADOW STYLE**_샤도우 연습하기1

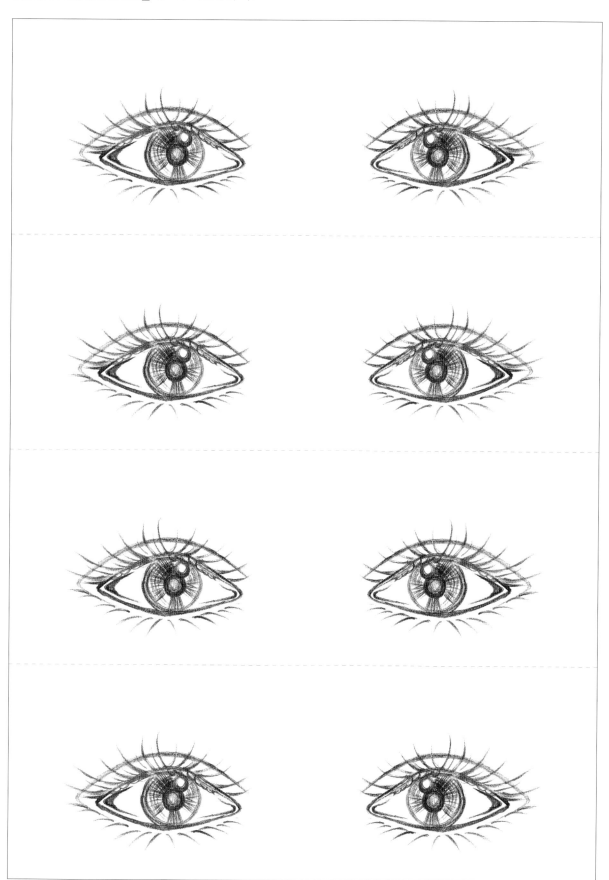

PATTERN BOOK

09. **EYE SHADOW STYLE**_ 섀도우 연습하기3

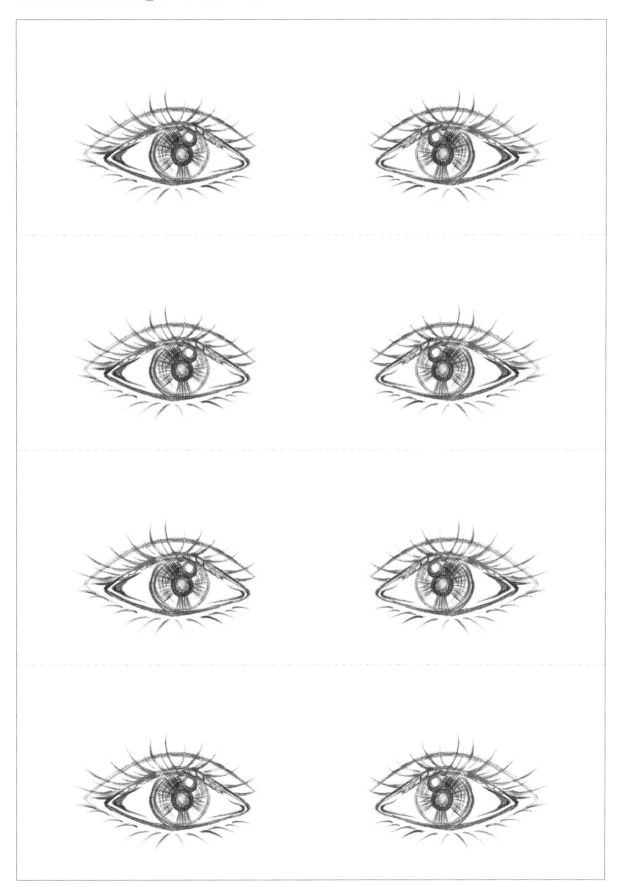

10. FACE PROPOTION_얼굴의 이상적인 비율

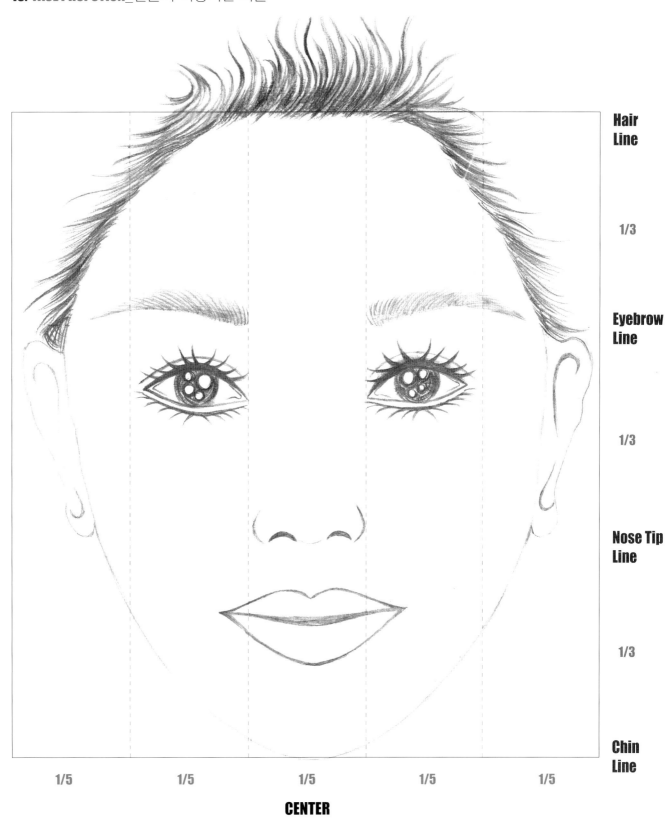

Hair Line

1/3

Eyebrow Line

1/3

Nose Tip Line

1/3

Chin Line

1/5   1/5   1/5   1/5   1/5

CENTER

11. ILLUST APPLICATION _일러스트 응용/A타입

11. ILLUST APPLICATION _일러스트 응용/B타입

11. ILLUST APPLICATION _일러스트 응용/B타입

11. ILLUST APPLICATION _일러스트 응용/C타입

12. BODY PAINTING _대칭포즈1

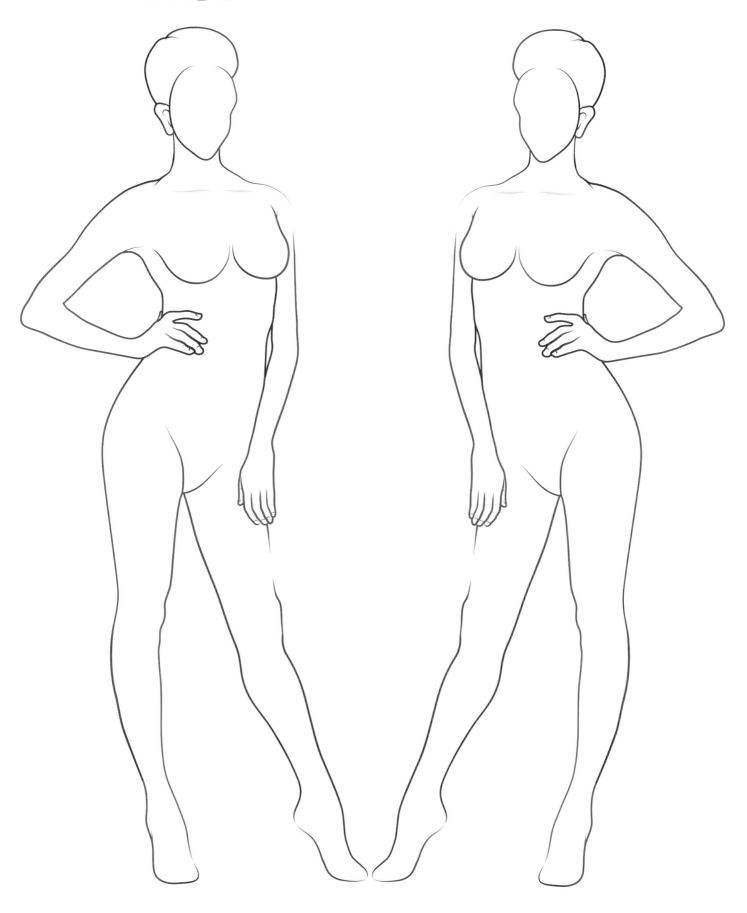

12. BODY PAINTING _대칭포즈2

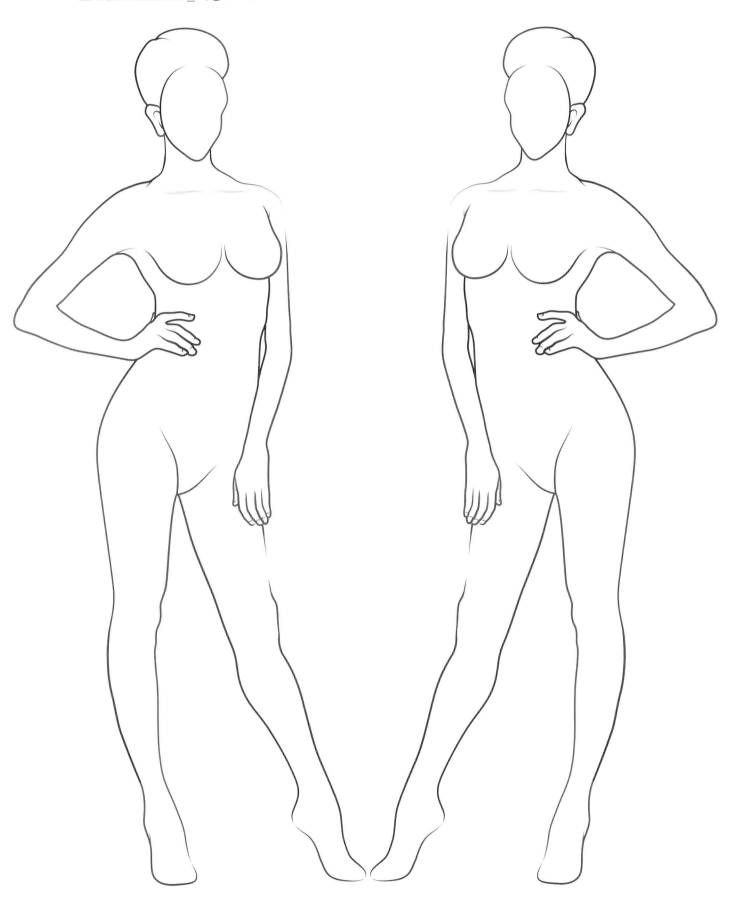

12. BODY PAINTING _대칭포즈3

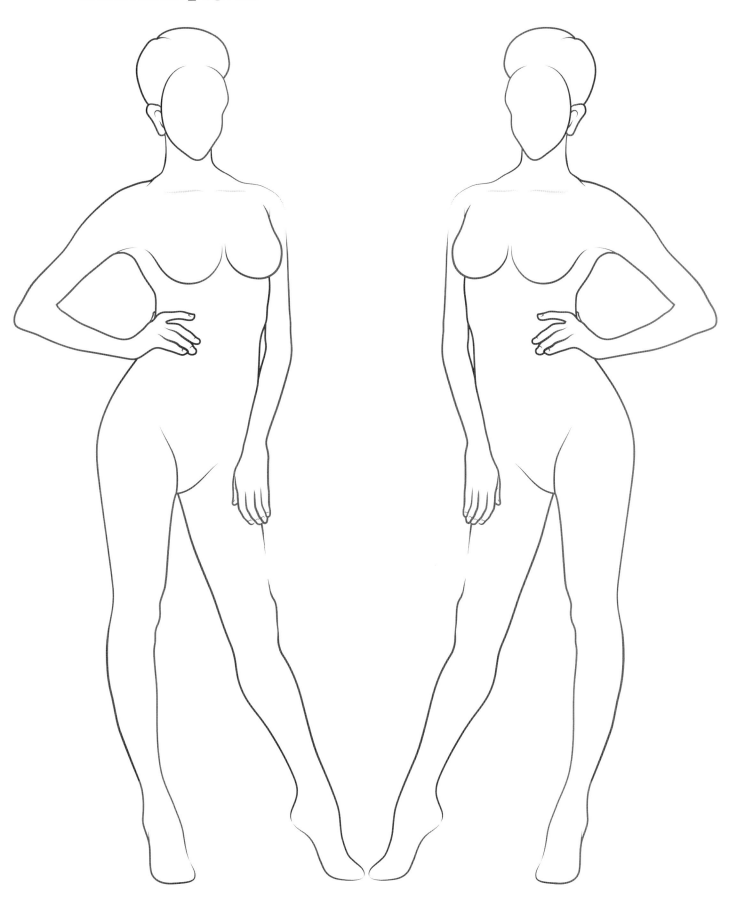

PATTERN BOOK

13. BODY PAINTING _전신 앞1

Color

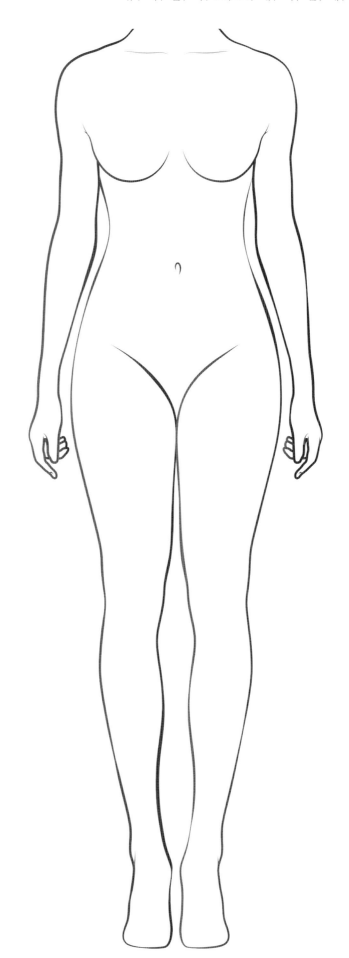

13. BODY PAINTING _전신 앞2

Color

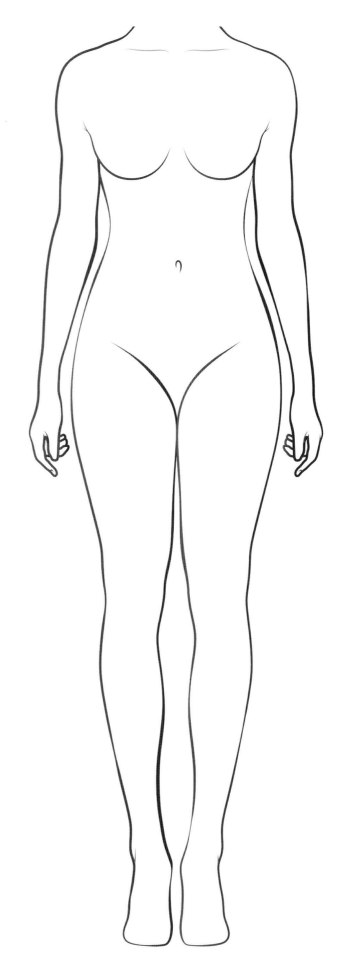

13. BODY PAINTING _전신 앞3

Color

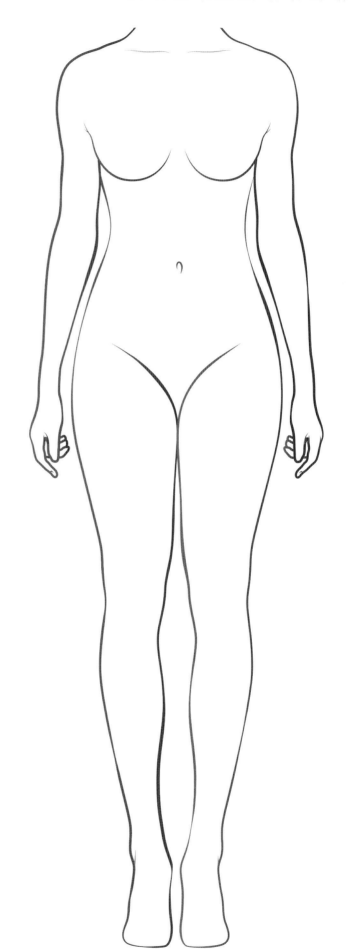

PATTERN BOOK

14. BODY PAINTING _전신 뒤1

Color

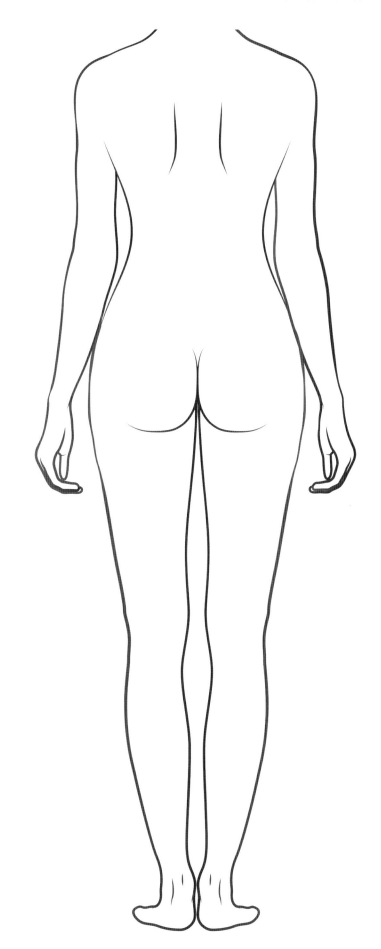

PATTERN BOOK

14. BODY PAINTING _전신 뒤2

Color

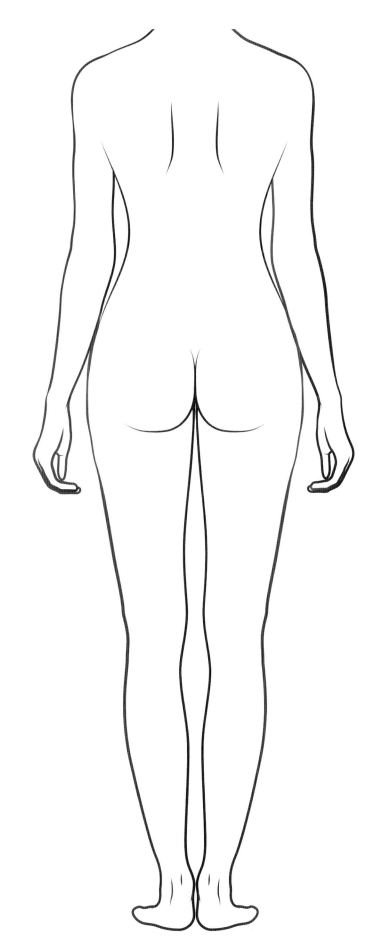

14. BODY PAINTING _전신 뒤3

Color

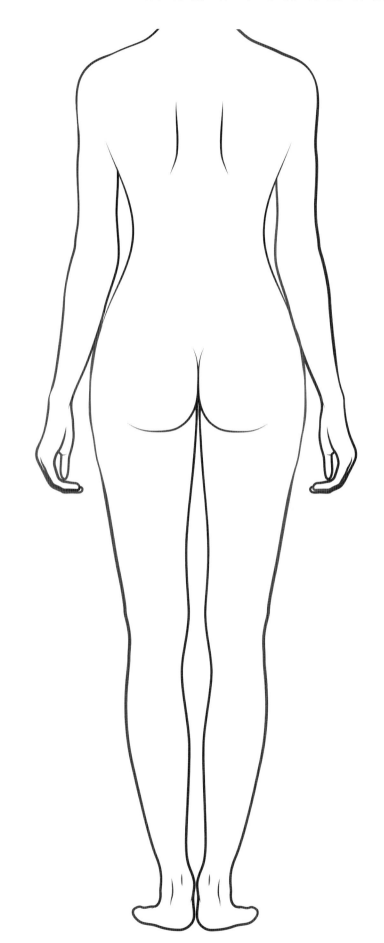

15. BODY PAINTING _상반신 앞1

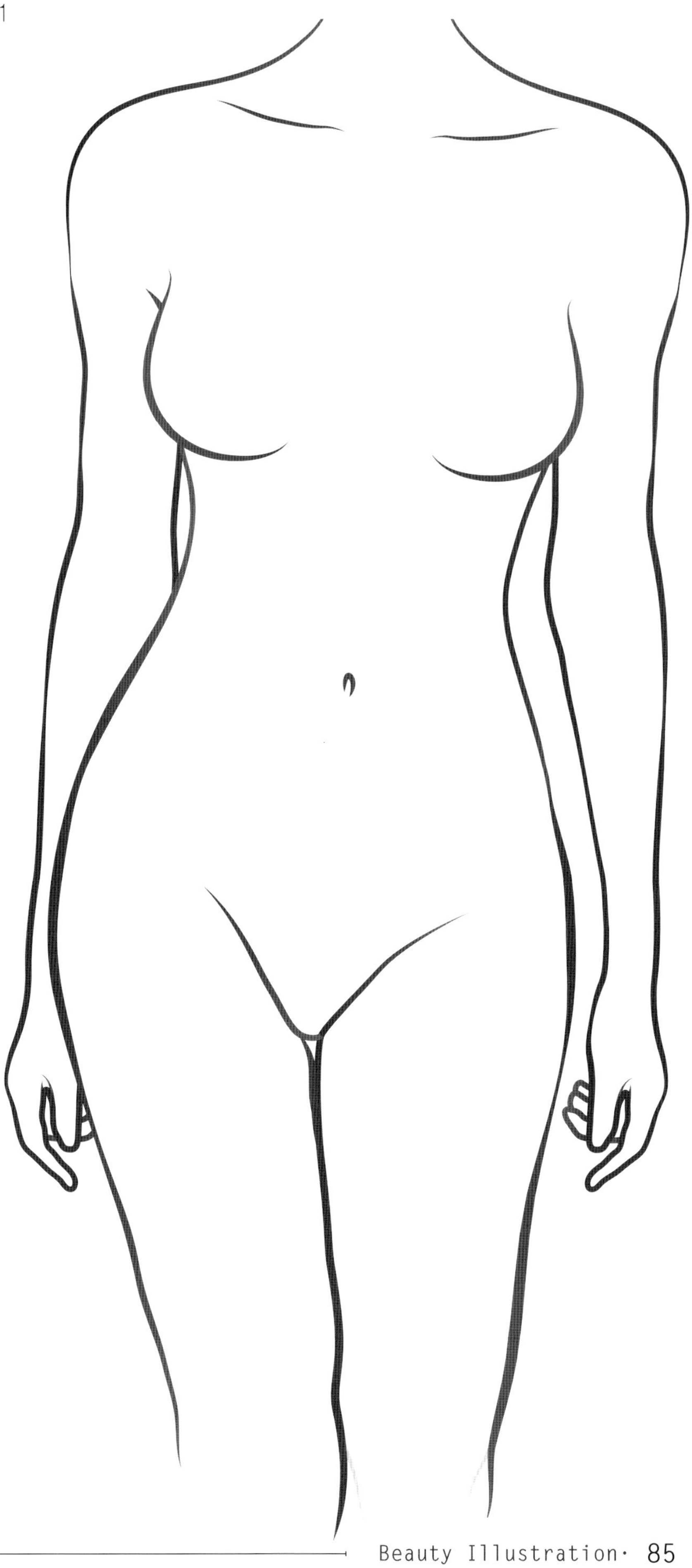

Color

15. BODY PAINTING _상반신 앞2

Color

15. BODY PAINTING _상반신 앞3

Color

PATTERN BOOK

뷰/티/일/러/스/트/레/이/션/패/턴/북

16. BODY PAINTING _상반신 뒤1

Color

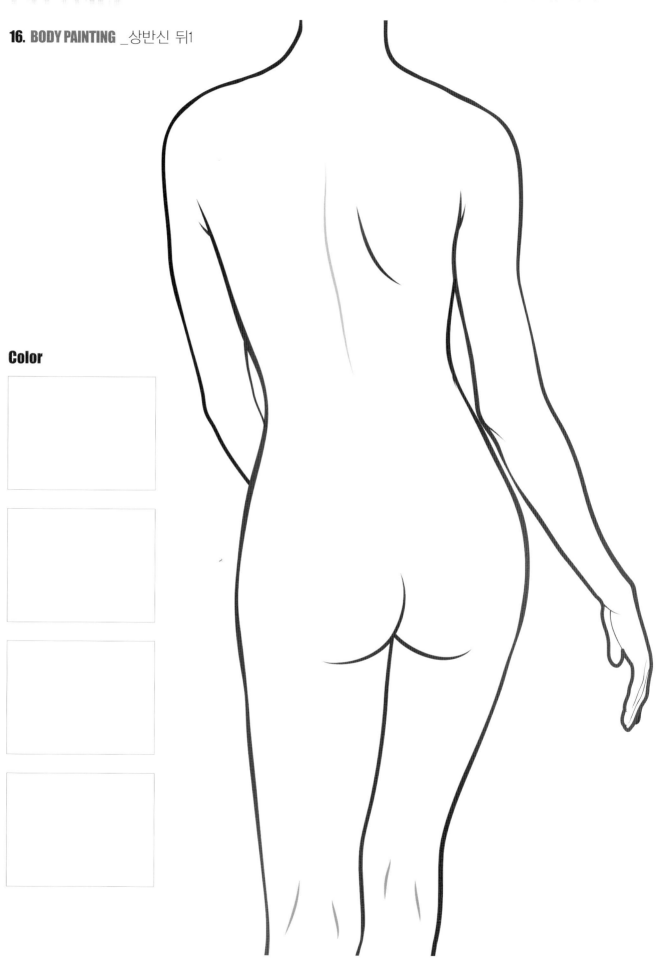

PATTERN BOOK

뷰/티/일/러/스/트/레/이/션/패/턴/북

16. BODY PAINTING _상반신 뒤2

Color

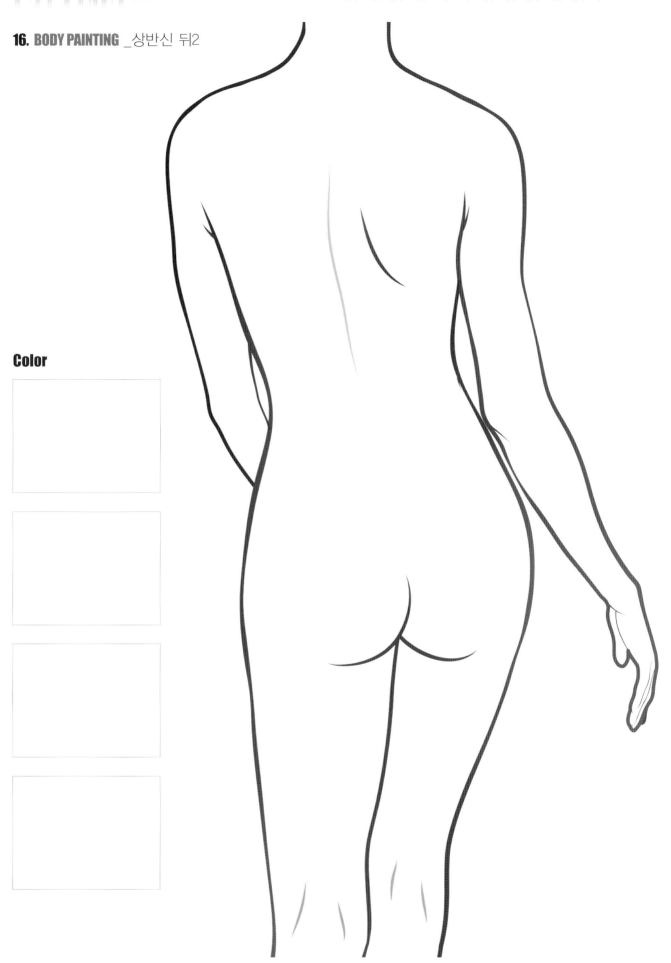

16. BODY PAINTING _상반신 뒤3

Color

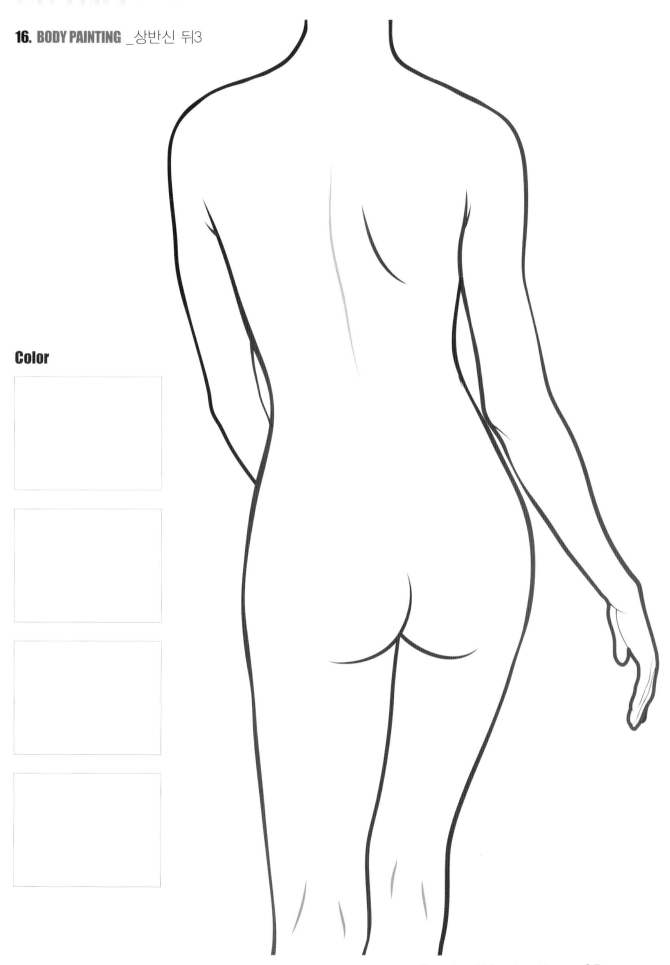

17. OBJET DESIGN_속눈썹/A타입1

17. OBJET DESIGN_ 속눈썹/A타입2

17. OBJET DESIGN_속눈썹/B타입1

17. OBJET DESIGN_속눈썹/B타입2

17. OBJET DESIGN_속눈썹/C타입1

17. OBJET DESIGN_속눈썹/C타입2

Base

Eye Brow

Eye Shadow

Lip

Shading

18. 얼굴형(기본)_A타입1

Base

Eye Brow

Eye Shadow

Lip

Shading

18. 얼굴형(기본)_A타입2

Base

Eye Brow

Eye Shadow

Lip

Shading

18. 얼굴형(기본)_A타입3

19. 얼굴형(아트)_B타입1

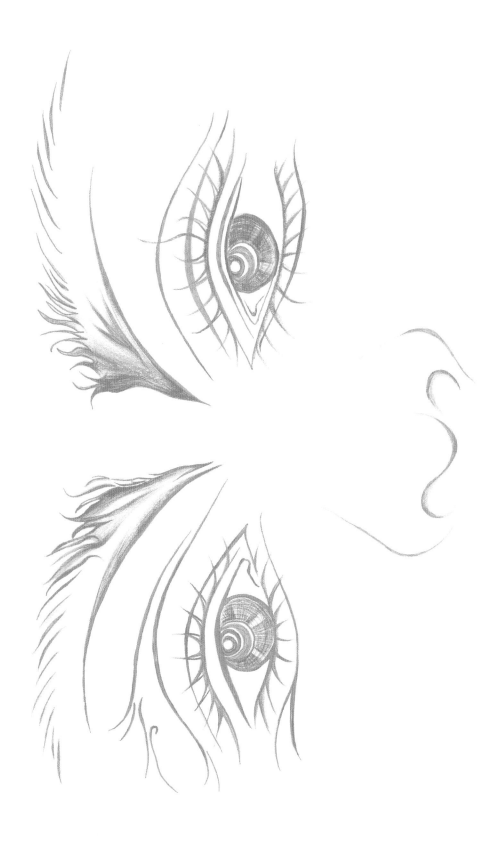

19. 얼굴형(아트)_B타입2

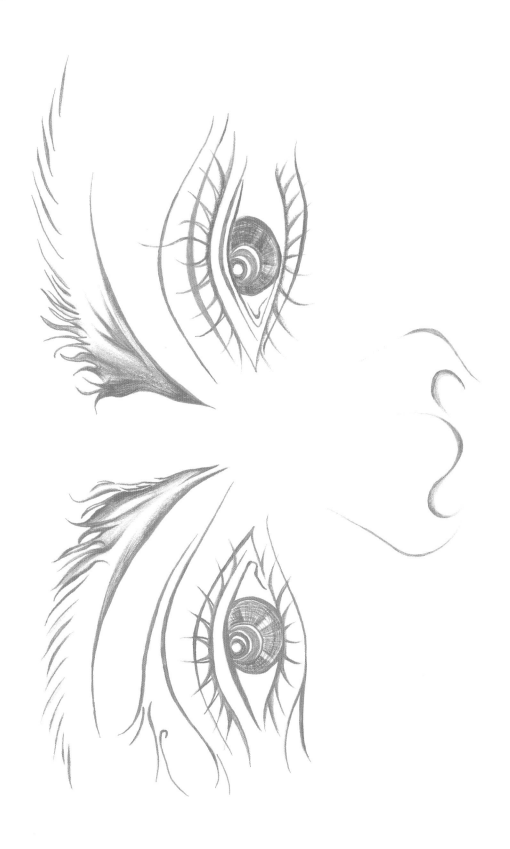

19. 얼굴형(아트)_B타입3

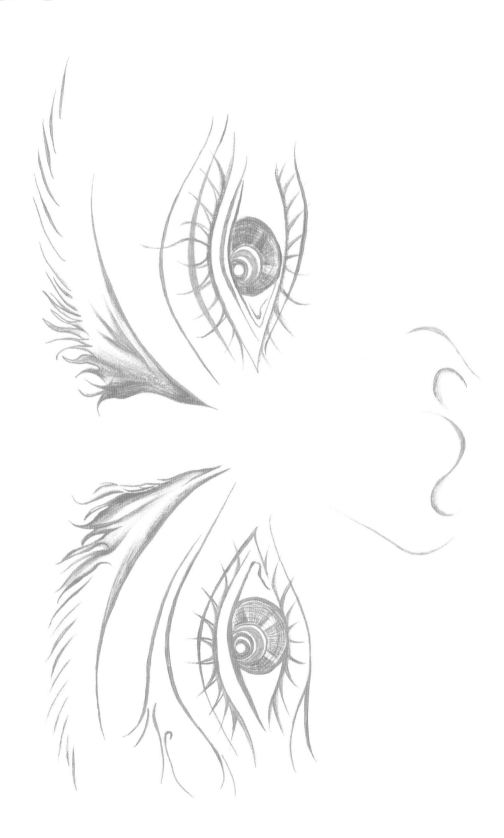

Base

Eye Brow

Eye Shadow

Lip

Shading

20. 얼굴형(트렌드)_C타입1

Base

Eye Brow

Eye Shadow

Lip

Shading

20. 얼굴형(트렌드)_C타입2

Base

Eye Brow

Eye Shadow

Lip

Shading

20. 얼굴형(트렌드)_C타입3

21. CHARACTER DRAWING_캐릭터 일러스트 드로잉

ART
PAINTING

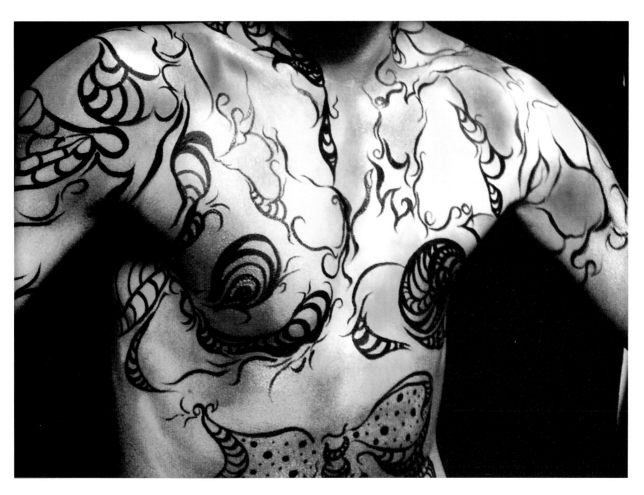

신/채/원

신/채/원